世界真奇妙：送给孩子的手绘认知小百科

云

蟋蟀童书　编著　　　刘　晓　译

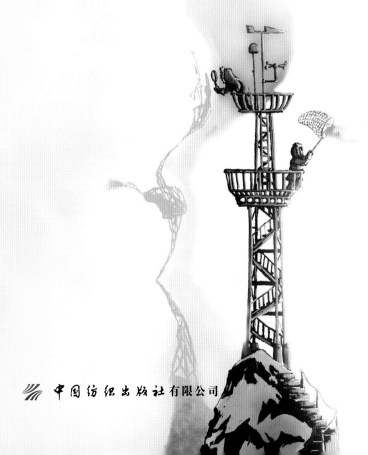

中国纺织出版社有限公司

图书在版编目（CIP）数据

世界真奇妙：送给孩子的手绘认知小百科. 云 / 蟋
蟀童书编著；刘晓译. -- 北京：中国纺织出版社有限
公司，2021.12

ISBN 978-7-5180-6593-6

Ⅰ. ①世… Ⅱ. ①蟋… ②刘… Ⅲ. ①科学知识－儿
童读物②云－儿童读物 Ⅳ. ①Z228.1②P426.5-49

中国版本图书馆CIP数据核字（2019）第188615号

策划编辑：汤　浩　　责任编辑：房丽娜　　责任校对：高　涵
责任设计：晏子茹　　责任印制：储志伟

中国纺织出版社有限公司出版发行
地址：北京市朝阳区百子湾东里 A407 号楼　邮政编码：100124
销售电话：010—67004422　传真：010—87155801
http://www.c-textilep.com
中国纺织出版社天猫旗舰店
官方微博http://weibo.com/2119887771
北京佳诚信缘彩印有限公司印刷　各地新华书店经销
2021年12月第1版第1次印刷
开本：787×1092　1/16　印张：14.75
字数：250千字　定价：168.00元／套（全8册）

凡购本书，如有缺页、倒页、脱页，由本社图书营销中心调换

云——大自然的表情

小朋友，你观察过云吗？

云自由自在地飘浮在空中，

它们的形状千姿百态，

它们的表情变化万千，

晴天时，它们是缕缕薄纱，白白的轻轻的，悠闲自在，

阴雨时，它们沉沉如铅，灰暗的翻滚的，愤怒狂躁。

云一直都在我们身边，

它是大自然的表情，

读懂了云的变化，

便也看懂了天气。

趣闻 逸事

伊丽莎白·普勒斯顿　文

令人愉悦的舞步

可能你觉得大家一起跳小鸡舞是件愚蠢的事情，但是科学家们却发现一起跳舞对人类的大脑非常有好处。

在巴西，研究大脑的科学家们把小鸡舞教给一些高中生，然后把这些学生分成几个小组。科学家们要求一些小组跳舞时必须动作统一，步伐一致。另外一些小组则可以根据自己的想法随意地跳。

跳完后，科学家们用血压计的袖带紧紧地挤压学生们的胳膊，结果，科学家们发现步伐一致小组学生们的疼痛感比较轻，而且步伐一致小组成员之间的关系要比随意跳小组成员之间更加亲密。

冥王星的花生形卫星

尽管冥王星是一颗矮行星，但是它也有自己的卫星。

目前发现的五颗卫星分别为：卡戎、斯提克斯、尼克斯、许德拉、科波若斯。天文学家们终于可以一睹最后一颗卫星的芳容了——它的外形像一颗花生！

美国宇航局的"新地平线号"探测器于2015年7月飞掠冥王星。从那以后，该探测器就开始缓慢地向地球回传数据。同年10月，美国宇航局的科学家们发现了后来被命名为科波若斯卫星的照片。令人惊讶的是，这颗卫星的形状看起来就像一颗花生。科学家们认为这可能是因为它是由两个小的天体发生猛烈撞击后形成的。

科波若斯很小，直径约有12千米。希望那些体积大的冥王星卫星们不会把它当成零食吞掉。

我还以为卫星们是鲜奶酪做的！

密。因此科学家们认为一起跳舞可以使我们的大脑分泌出一种令人愉悦的化学物质，这种化学物质可以让人放松，减少压力。所以，让我们一起伸出左脚，收回左脚，重复这个动作摇晃抖动起来吧！

植物的恶作剧——假粪球

屎壳郎的工作很不卫生。它们把动物的粪便收集起来，搓成一个个小球，然后将粪球滚到安全的地方把它们埋起来。粪球不仅是屎壳郎的食物，还是它们产卵的地方。在南非有一种植物很爱捉弄这些勤劳的屎壳郎。这种植物的种子不仅长得像羚羊的粪便，连气味都一样！

这种植物叫银木果灯草。它的种子是一颗颗表面凹凸不平的棕色圆球。当屎壳郎把假的粪球推走时，就

可以帮银木果灯草传播种子。但屎壳郎们却得不到任何好处，所以对屎壳郎来说，这真是个讨厌的恶作剧。

内斯特码头

杰弗里·艾博勒 文

变幻莫测的云

那朵云像一只小兔子。这朵云像不像一头鲸鱼？无论变成什么样的形状，它们都是云。

杰夫·哈特 绘

那么，云到底是什么呢？

云是飘浮在空中的水

云是由水组成的。但云不像蒸汽那样，由一个个微小的飘浮在空中的水分子组成，云的成分是小水滴。每个小水滴由大量的水分子通过空气中的尘粒或者盐粒聚在一起而形成。云里面的小水滴到底有多小呢？如果想用云把一个鞋盒填满，可能需要1000多亿个小水滴。

| 漂浮在空气中的水分子 | 冷却的水分子遇到尘埃后 | 它们紧紧地凝聚在一起 | 形成小水滴，最后形成云 |

云的循环

云从哪里来？

每当阳光照射大地，湖泊、河流、大海和树叶中的水分就会蒸发。当你出汗时，你体内的水分也会蒸发。当水蒸发的时候就会变成水蒸气，分解成无数微小的水分子漂在空气中。

水蒸气在空气中游荡。当气温升高时，空气中的水蒸气会缓慢上升。

水蒸气在上升的过程中气温会下降。这时，当冷却的水分子遇到了尘埃或者盐晶颗粒，它们就会凝聚在一起，形成小水滴。云正是由无数个这样的小水滴组成。

最后，云里的小水滴越积越多，就会下雨或下雪。水又重新回到了河流和海洋中，同时还滋养了植物。就这样，下一个循环又开始了。

地球上的水资源在云的协助下不断地循环。

地球上的水一遍一遍地被循环利用。

事实上，云是很重的，不过和下面的空气比起来，它还是比较轻的。

温暖潮湿的空气在上升的过程中慢慢降温，最终形成了云。暖空气上升，上升的暖气流会把云越推越高。

最后，更神奇的是，云还可以在内部给自己加热。当水蒸气形成水滴时，水分子会把热量转换到周围的空气中，这让云朵内部空气温度变高——所以云就可以越飘越高。

当然了，大多数的云最后还会落回大地——我们称为降雨。

沉甸甸的云

云看起来轻飘飘、软绵绵的，但它里面装了很多水。这些水非常重。比如看起来像棉花球大小的云可能与一群大象差不多重。一片大的暴风雨云里甚至可以装下 90 多吨的水！这么重的水是怎么能漂浮起来的呢？

我像云朵一样轻盈。

如果真是这样的话，那你也太重了吧。

首先，云朵中的水分会分布在相当大的区域里。虽然整朵云很重，但是每一小部分却很轻。

其次，因为云里的水滴非常小，所以它们可以很容易地飘在空气中。每个水滴都很轻，所以很难推动下边的空气——于是只能乖乖地被空气举高。

不安分的云

云里的水可不会一直静止不动。当云上升遇到冷空气，水滴会越来越大。当水滴足够重时，它们就会以雨、雪或冰雹的形式落到

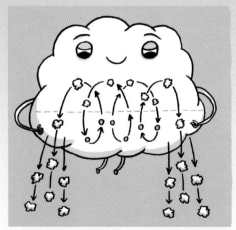

云中的雨滴在降落之前上下翻滚，形成了冰层，最后变成冰雹降落地面。

小蜘蛛吐出一条长长的丝。它像拉着气球一样，拉着丝，让风带着自己去旅行。蜘蛛可以这样飞行上千英里，甚至可以飞到云中。

地上。许多雨一开始是冰，高高悬在云中，下落时遇到地面附近的暖空气，就会融化变成水滴。

暖空气持续上升，冷空气持续下降，气流会推着云移动，这意味着云一直在流动，内部的小水滴一直在上下翻动。高高的积雨云中，无数的小冰晶互相碰撞，产生大量的静电，最终产生闪电。

因为雨滴会带着灰尘、煤灰或者其他污染物落到地上，所以降雨可以净化空气。

云中的居民

你有没有想过住在云里是什么样子的？肯定是又冷又潮湿吧，还没有地方坐。但气象探测气球在距离地面 32 千米处的云层里发现了细菌、真菌、藻类甚至昆虫。事实上，细菌在降雨方面用处很大，因为细菌可以作为微小颗粒形成雨滴。

大部分在云中发现的生物都是被风吹过去的。帝王蝶和其他移居到云中的昆虫有时是搭乘快速移动的气流，飞到云中的。飞行员就曾在 3 千米的高空中见过帝王蝶。小蜘蛛还会背着自己织的"降落伞"穿过云层。

甚至云里面的灰尘也是飘洋过海来的。天空中的云里可能会带有来自非洲沙漠的沙粒、大海中的盐末和来自世界各地的树木和真菌中的孢子。

晚上，云又有截然相反的作用。随着夜晚温度下降，地球会把白天聚集的热量释放。这时候，云会弹回一部分热量，减缓温度下降的速度。所以云既可以让地球变暖，也可以让地球变冷，时刻维持着地球的温度。

看云识天气

几千年以来，人们一直用云预测天气。蓬松的棉花云往往预示着好天气。乌云密布预示着要下毛毛细雨。假如有塔状积雨云那么暴风雨就要来啦。

气象员们通过观察云来判断空气的湿度，了解不同层空气是如何运动的。这帮助气象员预测天气的变化趋势。

云维持着地球的温度

白天，白云把太阳光反射回太空。在多云的日子里你会感到阴暗、凉爽，这是因为厚厚的云把大部分光和热挡住了。

民间有一句气象谚语说："鱼鳞天，鱼鳞天，不雨也风颠。"指的是天空中波纹状的云有规则、密集地排列，看起来像鱼鳞。鱼鳞云是高空强冷空气的下沉形成的，这通常会引起近期天气的变化。

小耗子，你在干什么呀？

你看天上布满鱼鳞，马上要下"鱼"了，我要捉几条鱼做晚饭。

云也有名字

1802 年，英国的卢克·霍华德根据云的形状给其命名，他把云分成了四大类：

卷云：像卷卷的头发一样，轻薄飘渺地飘在高空中。

积云：正如它名字所说的那样，是蓬松的棉花团云。

层云：呈灰色，水平伸展，笼罩整个天空。

雨云：意味着"降雨"，任何能带来降雨、降雪或者冰雹的云都是雨云。

卢克将这四种云的名字相互组合使用，比如卷积云，这是一种既像卷云又像积云的云，使用组合词足以给所有常见的云命名了。

我认为叫"波"和"伊西"更有趣！

给云命名的人

小卢克·霍华德在上课时总是盯着云看，这给他惹了不少麻烦。长大后，他成为一名化学家，以制药为生。但在闲暇时间，他会研究天气。他沉迷于"我们生活和活动的这片空气海洋里"，这是他对大气层的叫法。他特别喜欢绘制云的图片，思考云的形状。在 1802 年，他给不同形状的云起了合理的名字，让研究天气的科学家们能更方便地交流。直到现在，科学家们依旧沿用他起的名字——你当然也能用啦！

云端漫步

雾是一种离地面很近的云。山腰或云林是云中漫步的好地方。漫步云端后，你便会知道这些云全部是水"做"的。

瞬息万变的云

云一直在变化，它们不断生成同时也在不断消失，在风的吹拂下不断变换形状。有些体积大的云可以好几天都保持着同一个形状，但是一些蓬松的积云的形状也就最多能保持 10 分钟。

趁着它还没消失，赶快看看头顶那片云是什么形状的！

请保持这个姿势别动。

常见的云

卷云是一种窄条状高云，主要是由冰晶构成。

卷积云离地面很远，它像一堆堆棉花排列成行。

雨层云会让天空呈现灰暗色，带来持续性的降雨或者降雪，但是不会带来电闪雷鸣。

高积云像草原上的小绵羊一样，一团团地散布在天空中。

层云是一层层的低云，阴天的时候，层云便会出现。

积云像帽子一样，底下平平的，上面堆着棉球状的云朵。

我徘徊着，孤单得就像一片云……

我并不觉得云很孤单呀。

探 秘

丹尼斯·奥塔克斯 绘

卷层云像薄薄的面纱，有时太阳周围的光晕就是卷层云。

高云

积雨云也叫雷暴云，它要比珠穆朗玛峰还要高，但它的顶部平平，像个铁砧。这种云常常会带来电闪雷鸣，所以一定要小心。

高层云是一大片薄薄的云，透过它，我们能够看见太阳。

中云

层积云由一个个云块组成。

低云

奇形怪状的云

乳状云

对于一些比较高的云来说，当底部的暖空气遇到从云端下沉的冷空气时，底部的空气会凝结成水珠，这样云的底部就会形成袋子状。通常来讲，云本身越大，底部形成的袋子就越大。

荚状云

这种云因状如飞碟，常被误认为是飞碟。当湿润的空气向上流动，经过山顶时，荚状云就会在其附近出现。虽然它看起来像是悬在空中，实际上，新的云不断地在前面形成，而后面的云则不断地在背后蒸发。

幡状云

幡状云向下垂着的小尾巴是从高云中降落的冰晶，它们还没来得及落到地面，就蒸发了。

夜光云

夜光云也叫"夜耀云"，因为它们能在夜晚发光。夜光云是一种薄薄的冰云，位于高空中，它们能够在太阳落山后继续反射阳光。

龙卷云

龙卷云像漏斗一样，从空中垂下，而里面的空气在飞速旋转。当暖空气快速上升，同时冷空气极速下降时，一冷一暖的气流搅动空气形成漩涡，这种漩涡像极了下水道口的水流形成的漩涡。

卷轴云

卷轴云是一种形似水管的长层，当潮湿的空气"推动"下降的冷空气层时形成。

雨幡洞云（穿洞云）

雨幡洞云的出现是因为薄薄的云层迅速凝结，变成冰晶并且降落。飞机穿过云层的时候经常会出现这种现象。

那朵云里是不是装着我的所有电脑文件呀？

电脑里（计算机领域）的"云"指的不是天上的云，而是电脑之间（连接）形成的互联网。

那朵云是真的还是假的呀？

是真的，也是假的！

造云者

要是能造出真的云，还画它做什么？

云朵一直深受画家的喜爱。艺术家恩德诺特·斯米尔德却以不同的方式创造云，他造的云是真实的，在室内的云。

斯米尔德造的云只能持续10秒左右，然后，"噗"的一下，云就消失了。每当他让一名观众接触他造的云，这名观众都会觉得时间太短了，只有通过照片，才能回味起与云的接触的感觉。斯米尔德把这种室内云称作是"空"。

要造出这样的云，首先，斯米尔德需要把室内的排气孔堵住，保证室内无风且凉爽。然后，他用喷壶喷水，让空气变得湿润。

接下来，好戏就要上演了。他用舞台上使用的喷雾机喷出一团烟雾，释放出一些烟雾颗粒。室内空气中的水汽凝结到烟雾颗粒上，就形成了云。

事实上，天上的云也是这么形成的。

斯米尔德造的云和天上的云一样，都是千变万化的。有时他要造100多次云，才能拍出一张满意的照片。

斯米尔德喜欢云的变化莫测的特质。不同的人对云会有不同的见解。这朵云来自晴朗的春天，还是阴暗的雨天？这都由你说了算！但是，你应该不会经常在走廊里见到的云吧！

袋鼠、云和咖啡

艾米·珀芬巴吉尔　文

和其他袋鼠一样，马氏树袋鼠把自己的宝宝放在育儿袋里。不同的是，马氏树袋鼠生活在树上。

要真是这样，丽萨·达贝克就太开心了。她在美国华盛顿州西雅图市的森林公园动物园工作，去巴布亚新几内亚是为了研究她最喜欢的动物——神秘的马氏树袋鼠。马氏树袋鼠体格较小，性格害羞，所以就算拿着双筒望远镜远远观察，也很难发现它的踪迹，而且它还会隐身，因为它淡红色的毛看上去和树皮上厚厚的苔藓简直一模一样。

在巴布亚新几内亚的云林中，一张棕色的小脸从一棵树上探出来，向下张望，它是一只袋鼠吗？

山林里经常云雾缭绕

森林里的老朋友

你一定想不到，不是所有的袋鼠都是在地上蹦蹦跳跳的。实际上，有10种袋鼠是生活在树上的。马氏树袋鼠生活在巴布亚新几内亚的云林中。成年马氏树袋鼠约重9千克，个个是攀岩小能手，只不过，它们非常懒惰，它们一天当中有15个小时在树上睡觉或闲躺，时而吃吃树叶、苔藓或者树皮。有时候它们也会从树上跳下来去吃一些花朵、蕨类植物或者嫩芽。

树袋鼠喜欢独居，不爱和同类一起外出。和其他袋鼠一样，马氏树袋鼠妈妈会把小袋鼠放在育儿袋里。小袋鼠18个月大的时候就要离开妈妈独立生活了。

在YUS区域的云林里，也居住着人类。这片区域被Yopno，Uruwa和Som三条河包围着。几千年以来，当地居民靠伐木获得木材和燃料，靠猎杀动物和鸟类获得食物。

这里可能会有树袋鼠。

不好意思，我对家务活过敏。

小丽萨不能养宠物

丽萨·达贝克从小在地球的另一端——纽约长大，虽然从小对动物过敏，但她一直非常喜欢小动物。由于不能养宠物，她只好每天观察住在她家车库顶棚的蚂蚁，梦想着有一天能成为一名动物训练师。

长大后，丽萨·达贝克开始研究海洋哺乳动物和动物习性。和她的偶像珍妮·古道尔一样，丽萨对环境研究和自然保护特别感兴趣。丽萨·达贝克的这些兴趣爱好开始于她来到森林公园动物园工作之后，在那里，她第一次见到树袋鼠。"我完全被吸引了。"她说。

丽萨在动物园里工作的时候，其中一项重要的工作是向游客介绍树袋鼠和云林。不过，她在野外亲眼见到第一只树袋鼠却是工作多年以后的事了。

当丽萨抵达巴布亚新几内亚时，由于哮喘的困扰，她在爬山的时候遇到了很大的困难，但她并没有放弃。在森林中寻找5周后，丽萨第一次看见了野生树袋鼠。由于野生树袋鼠极其稀少，所以丽萨第二次见到它们已经是七年以后了。

丽萨每年都会去巴布亚新几内亚研究树袋鼠和云林。她把自己的故事写进了《探寻树袋鼠》这本书中。

高山里的朋友们

YUS地区的居民与树袋鼠共同居住在这片云林里。他们向丽萨·达贝克介绍他们独特的云林，丽萨告诉他们自己对树袋鼠很感兴趣。起初，这里的居民非常惊讶，他们完全没有想到马氏树袋鼠只生活在他们的这片云林中。

丽萨还见到了这里的老师和学生们。"在未来，孩子们会成为保护环境的主力军。"她说，"全世界越多的孩子了解保护动物和植物的重要性，人们才能过上更幸福的生活，与自然和谐相处。"

YUS地区的居民一直都知道他们生活的这片云林很特别。在与达贝卡和其他科学家交谈后，居民们决定将超过18万英亩的土地建成一个云林自然保护区。这是巴布亚新几内亚的第一个自然保护区。在这片保护区内，打猎、采矿或者伐木都是被禁止的。

云林是什么？

云林是一种独特的山地雨林。云林里面冷冰冰、湿漉漉的，这里多数的湿气都是来自于雾和云，而不是降雨。云林虽然不常见，但在世界各地都有云林。每一片云林里都栖息着独特的动物和植物。

如果漫步在云林中，你会注意到（除了潮湿）这里到处都被生物覆盖。这些生物包括：青苔（地衣）、菌类、苔藓、果子和花朵。你可能会在一棵树上发现300多种植物！但是，在这里你不用担心碰到讨厌的蚊子或者蛇，因为它们受不了这里的低温。

树袋鼠长长的尾巴，能够帮助它们在树林间跳跃的时候保持平衡。绒绒的毛发可以让身体保持温暖，帮它们抵御山林中寒冷的天气。

这里的树都是毛绒绒的。

退耕还林

居民们利用树木、藤条和干草等自然材料搭建房屋。

包括马氏树袋鼠在内，许多濒危动物面临的最大的挑战是家园正在慢慢地消失。人们为了建立自己的家园和牧场，不断地砍伐和焚烧森林。"停止砍伐树木！"这句话说起来很容易，实施却很难，因为人们也需要在这片土地上生活。

这是一个很难解决的问题！自然保护工作者意识到最好的解决方法是需要人类参与其中。与其只是禁止人们在这里耕种，不如改变农耕的方式，或者是研发出一种可以让森林、动物和人类和平共处的新作物。

这片保护区内的云林生长茂盛，成为动物们栖息的家园。整片森林生机勃勃，欣欣向荣。

从前，YUS 地区的居民会专门在森林中划出一些区域作为他们的圣地。现在他们为保护树袋鼠建立保护区，这是多么有意义的事情啊！

树袋鼠咖啡

YUS 地区的居民们很乐意保护他们独一无二的云林，但是这也给他们带来了困扰。如果不打猎也不伐木，他们应该如何生活呢？

达贝克和树袋鼠保护项目的工作人员与村民们一起找到了解决办法——种咖啡树。因为咖啡树非常适合在这种潮湿又阴冷的山林中生长。

世界各地的人们都喜欢喝咖啡。人们每年都会花好多钱来买咖啡豆，其实咖啡豆不是真的豆子，而是一种灌木的种子。YUS 保护区里已经种上了一些咖啡树。要是能种更多的树，并且想办法把咖啡豆

这些小咖啡树长大后会结出红色的浆果，里面装着咖啡豆。

我给巧克力投一票

运出去卖掉，这里的人们就能靠卖咖啡豆赚钱了。

为此，达贝克、村民们还有树袋鼠保护项目的工作人员们一起制订了关于咖啡的种植、运输和销售的计划。因为山上没有路，所以咖啡大获丰收后，人们就把一包包的咖啡豆运送到村里的草坪机场，再由飞机空运到莱城，接着，咖啡豆又坐着货船去往美国。

人们购买来自 YUS 地区的咖啡，就能帮助 YUS 居民保护森林、树袋鼠和其他野生动物。西雅图的一位咖啡商人听说了树袋鼠咖啡计划后，也想出一份力。所以，他的咖啡公司开始购买 YUS 咖啡豆，并将这些咖啡豆烘焙后卖给消费者。人们在咖啡店、森林公园动物园和网上商店都能买到 YUS 咖啡。这一切也只是个开始。作为巧克力的原料——可可豆非常适合在 YUS 地区的山脚下生长。所以，树袋鼠巧克力是不是快要出现了？

太空中也有许多云，它们漂浮在星系、恒星和行星之间。太空云不是由水组成的，而是由氢气和尘埃构成。和地球上的云一样，太空云也是奇形怪状的。但太空云有一个地球上的云没有的特点——太空云是五颜六色的。

太空云也叫星云，星云在拉丁语里面就是云的意思。

最早在夜空中发现这些模糊斑点的天文学家其实是在寻找移动的彗星。

苏珊·伯克·科赫　著

太空中的云

新恒星的诞生

猎户座星云是一朵巨大的气体尘埃云，里面有许多年轻的恒星。随着引力把气体和尘埃凝聚到一起，云内的温度逐渐升高。当某些地方温度特别高时，氢原子会聚变成氦，释放出巨大的能量。这样，新恒星就诞生了！

新生的恒星吞噬周围的气体和尘埃。它们还会释放大量的紫外线。当紫外线穿过星云时，气体会发出五颜六色的光芒，比如氢气发出粉色或者红色的光，氧气会发出绿色的光。这种能够自身发光的星云叫作发射星云。

蜘蛛星云是另外一种发射星云，是宏大的恒星降生区。

彗星是运动的，而这些模糊的斑点一动也不动。天文学家们常常被这些模糊的斑点干扰。1771年，查尔斯·梅西耶绘制了一张模糊斑点分布图，这样，大家在探索星空时就可以避开它们了。

1929年，天文学家爱德温·哈勃仔细观察了这些模糊的斑点。他发现，一些斑点其实是其他星系，而另一些则是由气体和尘埃组成的发光的彩云，也就是星云。

一些星云和恒星一样大，有的甚至比一个星系还大。恒星从星云中诞生，当它们寿终正寝后，又变回星云。每一团星云都不一样。

我以为云都是由水组成的。

云是一团漂浮着的细小颗粒，比如尘埃云是漂浮着的尘点。

巨大的尘埃云是宇宙中最美的物体之一。

闪闪发光的星云

星云一般是根据形状命名的。天文学家们给女巫头星云命名是认为它像女巫的侧脸。其实尘埃云自己并不会发光，它只是发射附近恒星的光。这种因为反射光而闪闪发亮的星云叫作反射星云。一般的反射星云都是蓝色的。

太阳也是这样诞生的吗？ 没错。

女巫头星云

你们看，那朵云像不像老鹰？

我没看到呢，在哪儿呀？

我觉得它看上去更像是恐龙。

可视光下的天鹰星云

红外线和X射线下的天鹰星云

五彩缤纷的星云

你看到了吗？天鹰星云里出现了一个老鹰头，看上去就好像要把那些恒星吃掉。

星云会发出一些肉眼看不到的光，比如X射线和红外线。科学家用特殊的相机捕捉这些光线。然后把图像涂上颜色，这样我们就能看到完整的星云了。右边的图片是天鹰星云在望远镜下的样子，只能看到一团模糊的红光，而在左边的图片中，你还能看到蓝色和橙色的光，它们是紫外线和X射线。

面纱星云

我觉得它更像一座城堡。

我需要大一点的网。

暗星云

有时，一朵巨大而浓密的尘埃云会遮住它背后发光的气体和恒星。这样一来，这朵云看上去就是一团阴影，或者是太空中的一个黑乎乎的洞。马头星云就是这样的云。我们把这样的星云称为暗星云。

马头星云

恒星爆炸

有的星云是由恒星爆炸产生的。大约 8000 年前，一颗巨大的恒星爆炸，形成了超新星遗迹，形成了长面纱星云。在爆炸的过程中，恒星的气体和尘埃向四面八方喷射，震波甚至点燃了周围的气体云。

漂亮的蝴蝶星云是一种行星状星云。不要被这个名字误导，因为蝴蝶星云和行星没有任何关系。蝴蝶星云是中等大小恒星的遗留物。濒临死亡的恒星抛去了外层的气壳，留下暗淡的小恒星核，气壳以恒星核为中心形成了蝴蝶星云。

蝴蝶星云

奇思妙想

索尔·威克斯特龙 绘

我的宠物云

虽然你不能呼风唤雨，但是你可以拥有一朵属于自己的云！

你需要准备：

带盖子的广口瓶
热水
冰块
拿着火柴的成年人

注意！只有成年人才能使用火柴！！！

步骤：

1. 把瓶盖口朝上放在桌上，然后把冰块放进盖子里。

2. 向瓶内倒入约2厘米高的热水，或者把凉水倒进瓶子里，再放进微波炉中加热。千万要小心，不要被烫到！

3. 让大人帮忙点燃一根火柴，将点燃的火柴悬在瓶口上方，短暂地停留一会儿，然后吹灭火柴，把火柴丢进瓶子里。（这样做是为了让火柴熄灭后的烟进入瓶中。）

4. 用盛满冰块的盖子压住瓶口，一定要让瓶口被完全盖住。耐心等几分钟，云就形成了。

把瓶盖拿开，云就出来啦！因为没有足够的水滴，所以云不会太饱满。云很快就散开消失了，但是它的的确确是一朵云！

原理：

瓶子里是地球大气的微缩版。水从温暖的瓶底蒸发成水蒸气，在上升的过程中遇到瓶口的冷空气。冷却的水珠吸附在了火柴熄灭后产生的烟雾颗粒上，云就这样形成了。

没有火柴也没关系

在第三步中，如果没有火柴，用空气清新剂、除臭剂、喷发剂等喷雾也可以完成这个小魔术。用喷雾剂快速地喷一下。不用喷太多，一点点就可以了。

这样的话，做出来的云虽然没有火柴做的那么好看，但也是真的！

马尔文和他的朋友们

索尔·威克斯特龙 绘